Serge Bankuama

Les Relations entre la CEEAC et la CEMAC

Enjeux, Mécanismes de Coopération et Perspectives d'Intégration Régionale en Afrique Centrale

ELIVA PRESS

ISBN: 978-99993-5-608-4

Cover Design: Eliva Press
Cover Image: www.ingimage.com
Email: info@elivapress.com
Website: www.elivapress.com

This Eliva Press imprint is published by the registered company Eliva Press Global Ltd. part of Eliva Press S.R.L. Publishing Group

The registered company address is: Pope Hennessy Street Level 2, Hennessy Tower Port Louis, Mauritius
Eliva Press S.R.L. Publishing Group legal address is: Bd. Cuza-Voda 1/4 of. 21, Chisinau, Moldova, Europe

LES RELATIONS ENTRE LA CEEAC ET LA CEMAC

Jean pierre BANKUAMA BANKUAMA
Assistant-Chercheur à l'Institut Supérieur Techniques Appliquées (ISTA. L/B)

Avocat au Barreau du Kongo Central en RD. Congo et détenteur d'un Diplôme de Master 2 en Droit Public Fondamental de l'Université d'Abomey-Calavi/ Bénin et aujourd'hui Doctorant en Thèse à l'Université Catholique du Congo/RDC.

sergebankuama489@gmail.com

Résumé : Cet article analyse les relations entre la Communauté Économique des États de l'Afrique Centrale (CEEAC) et la Communauté Économique et Monétaire de l'Afrique Centrale (CEMAC), deux organisations régionales qui poursuivent des objectifs complémentaires en matière d'intégration économique, de coopération régionale et de développement. Malgré la proximité de leurs espaces d'intervention et la convergence de certaines de leurs missions, leur coexistence soulève des interrogations relatives à la coordination institutionnelle, à la répartition des compétences et à l'efficacité du processus d'intégration en Afrique centrale. L'étude examine notamment les fondements juridiques et institutionnels de ces deux organisations, les mécanismes de coopération établis entre elles ainsi que les facteurs susceptibles de favoriser ou d'entraver leur complémentarité. Elle met en évidence que la dualité institutionnelle CEEAC-CEMAC peut constituer à la fois une opportunité pour approfondir l'intégration régionale et une source de chevauchements institutionnels. L'article soutient qu'une meilleure harmonisation des politiques communautaires, une clarification des domaines de compétence et un renforcement de la coopération interinstitutionnelle sont nécessaires pour consolider l'intégration économique et favoriser le développement durable de l'Afrique centrale.

Mots-clés : « CEEAC » et « CEMAC ».

RELATIONS BETWEEN ECCAS AND CEMAC

Abstract : This article examines the relations between the Economic Community of Central African States (ECCAS) and the Economic and Monetary Community of Central Africa (CEMAC), two regional organizations pursuing complementary objectives in the fields of economic integration, regional cooperation and development. Despite the proximity of their areas of intervention and the convergence of some of their missions, their coexistence raises questions regarding institutional coordination, the allocation of competences and the effectiveness of the integration process in Central Africa. The study examines the legal and institutional foundations of these two organizations, the mechanisms of cooperation established between them, as well as the factors that may promote or hinder their complementarity. It demonstrates that the institutional duality between ECCAS and CEMAC can constitute both an opportunity for deepening regional integration and a source of institutional overlap. The article argues that greater harmonization of community policies, clearer delineation of competences and stronger inter-institutional cooperation are necessary to consolidate economic integration and promote sustainable development in Central Africa.

Keywords: « ECCAS » and « CEMAC ».

INTRODUCTION

Partout dans le monde, l'intégration économique régionale permet d'accélérer la croissance et le développement en apportant une panoplie d'avantages liés à une meilleure coopération politique, à un commerce intra-régional accru et à la création d'emplois. C'est dans cette ambition de développement qu'a été mis en place, en Afrique, un processus d'intégration matérialisé par la création des Communautés Économiques Régionales (CER).

Les CER représentent des groupements régionaux d'États africains. Instituées par le Traité d'Abuja portant création de la Communauté économique africaine (entré en vigueur en 1994), qui, dans une vision de création d'un marché commun africain, leur confère une fonction de « pierre angulaire »[1], elles ont pour objectif de faciliter l'intégration économique parmi les États membres.

On en dénombre plusieurs sur le continent selon les régions : en Afrique de l'Ouest, la Communauté Économique des États de l'Afrique de l'Ouest (CEDEAO) et l'Union Économique et Monétaire Ouest-Africaine (UEMOA) ; en Afrique du Nord, l'Union du Maghreb Arabe (UMA) ; dans l'espace sahélo-saharien, la Communauté des États Sahélo-Sahariens (CEN-SAD) ; en Afrique de l'Est, la Communauté d'Afrique de l'Est (CAE) et l'Autorité intergouvernementale pour le développement (IGAD) ; en Afrique

---

[1] Traité instituant la Communauté économique africaine, signé à Abuja le 3 juin 1991, entré en vigueur en 1994, préambule et art. 4.

australe, la Communauté de développement de l'Afrique australe (SADC) ; et, en Afrique centrale, deux communautés se superposent.

L'Afrique centrale est en effet une mosaïque de pays aux trajectoires historiques et aux potentialités économiques fort contrastées. De nombreux pays de cette région ont connu des conflits intenses (guerres de libération, conflits civils) dont les séquelles sont encore vivaces et continuent de peser sur la construction régionale[2].

Une des caractéristiques de l'Afrique centrale est précisément la cohabitation d'au moins deux processus d'intégration régionale, à savoir la Communauté Économique des États de l'Afrique Centrale (CEEAC) et la Communauté Économique et Monétaire de l'Afrique Centrale (CEMAC). C'est cette superposition institutionnelle qui a inspiré le sujet de la présente étude, intitulé : **Les relations entre la CEEAC et la CEMAC.**

La CEMAC, qui est l'une des Organisations d'Intégration Africaine (OIA) les plus actives, a été créée dans le même contexte économique que celui de l'UEMOA et s'inscrit dans « la nouvelle dynamique en cours dans la zone franc, au demeurant nécessaire au regard des mutations et du recentrage des stratégies de coopération et de développement observées en Afrique »[3]. Elle remplace l'Union Douanière et Économique de l'Afrique Centrale (UDEAC) et comprend six États membres. Son architecture institutionnelle découle

---

[2] Propos attribués à Ibrahim Hassane Mayaki, ancien secrétaire exécutif du Nouveau Partenariat pour le développement de l'Afrique (NEPAD).

[3] Saidou Nourou TALL, *Droit du contentieux international africain : jurisprudences et théorie générale des différends africains*, CREDILA, L'Harmattan, Sénégal, 2018, p. 216.

d'un Traité et de trois Conventions annexes : le Traité CEMAC et son additif, la Convention régissant l'Union Économique de l'Afrique Centrale et celle instituant la Cour de Justice communautaire.

La création de la CEEAC, quant à elle, s'inscrit dans un contexte bien différent de celui de la CEMAC, dans la mesure où l'organisation ne repose pas sur un héritage historique ancien mais sur des accords plus récents. Sa mise en place répond à des directives fixées par les membres de l'Organisation de l'Unité Africaine (OUA) à la fin des années 1970, à Monrovia, et résumées sous la forme du Plan d'Action de Lagos et de l'Acte final de Lagos, en avril 1980. Sa création correspond ainsi à la mise en œuvre du projet de développement économique, social et culturel de l'Afrique, dans le cas précis de l'Afrique centrale. Lors de son établissement, la CEEAC rassemble les États membres de l'UDEAC ainsi que ceux de la Communauté Économique des Pays des Grands Lacs (CEPGL).

Le mot « relation » est défini par le dictionnaire de langue française comme « un lien existant entre des choses, des personnes ». Du latin *relatio*, qui signifie rapport, et du verbe *referre*, rapporter à, le terme est défini par le vocabulaire juridique selon trois sens distincts. Dans un premier sens, il est entendu comme les « rapports de droit ou de fait entre deux ou plusieurs personnes, liens (juridiques ou non) qui les unissent » – à l'image des relations familiales, des relations d'affaires ou des relations diplomatiques. Dans un deuxième sens, il désigne l'« action de rapporter un fait, de rendre compte d'une opération, et [le] résultat de cette action ». Dans un troisième sens, plus technique, il renvoie à l'action procédurale de référer ce qui a été déféré[4]. C'est le premier sens, celui du rapport juridique et factuel entre institutions, qui sera retenu pour la suite de l'étude.

La CEMAC, Communauté Économique et Monétaire de l'Afrique Centrale, institue une union monétaire entre ses États membres, lesquels sont par ailleurs tous membres de la CEEAC et partagent l'usage du franc CFA. La CEEAC, quant à elle, constitue l'un des grands ensembles économiques régionaux de l'espace subsaharien, visant plus largement la libéralisation des échanges et la libre circulation des personnes.

Longtemps moribonde, la CEEAC – née en 1983 – reprend véritablement vie à partir de 1998. Son action se heurte cependant à celle de la CEMAC, née en 1994, qui lui présente des similitudes à bien des égards : proximité géographique, communauté d'États membres, convergence partielle des objectifs. C'est précisément cette ressemblance qui engendre entre les deux institutions des relations complexes, oscillant entre complémentarité et concurrence, et qui constitue le cœur du sujet à traiter.

Ce sujet revêt un double intérêt. Un intérêt théorique d'abord, en ce qu'il permet d'interroger les conditions de réalisation d'une intégration économique « aboutie » malgré une densité institutionnelle importante. Un intérêt pratique ensuite, car ces deux institutions, entretenant des liens étroits, sont aujourd'hui confrontées à un certain

---

[4] Gérard CORNU, *Vocabulaire juridique*, Association Henri Capitant, coll. « Quadrige », 12e éd. mise à jour, PUF, Paris, 2018, pp. 1876-1877.

nombre de défis communs. Cette situation, peu propice à une intégration effective de la région, explique que des perspectives d'unification de la CEMAC et de la CEEAC fassent aujourd'hui l'objet de réflexions approfondies au sein même des instances communautaires.

Dans ce contexte, il paraît indispensable de se demander : quels sont les rapports qu'entretiennent la CEMAC et la CEEAC, et dans quelle mesure ces rapports, aujourd'hui marqués par une logique de complémentarité fonctionnelle, sont-ils fragilisés par des phénomènes de chevauchement institutionnel et normatif appelant une rationalisation ?

Répondre à cette interrogation suppose d'observer que les deux organisations, en dépit de leurs différences de vocation, entretiennent des rapports fondés sur une complémentarité institutionnelle et fonctionnelle (**I**), complémentarité que des difficultés persistantes de chevauchement viennent toutefois contrarier, appelant des perspectives de rationalisation et de coopération renforcée (**II**).

I. Une complémentarité institutionnelle et fonctionnelle

La CEMAC et la CEEAC sont deux CER qui coexistent dans une même région du continent, instituant de fait une forme de bipolarisation institutionnelle (A), mais qui, en dépit de cette coexistence, poursuivent des objectifs suffisamment proches et des compétences suffisamment différenciées pour dessiner les contours d'une répartition fonctionnelle cohérente (B).

A. La convergence des objectifs d'intégration régionale en Afrique centrale

Les buts et objectifs de la Communauté Économique et Monétaire de l'Afrique Centrale et de la Communauté Économique des États de l'Afrique Centrale sont respectivement régis par leurs traités constitutifs, lesquels révèlent une communauté de missions qui, malgré des accents distincts, vise une même finalité : une intégration régionale globale de l'Afrique centrale[5].

Conformément à l'article 4 du Traité instituant la CEEAC[6], cette organisation ambitionne de promouvoir une coopération harmonieuse et un développement équilibré dans les domaines politique, sécuritaire, économique, monétaire, financier, social, culturel, scientifique et technique. L'objectif ultime est de réaliser l'autonomie collective, d'élever le niveau de vie des populations, de maintenir la stabilité économique, de préserver des relations pacifiques entre États membres et de contribuer au progrès continental[7]. Plus précisément, la CEEAC poursuit l'établissement d'une union économique par :

- l'élimination des droits de douane et des taxes équivalentes sur les importations et exportations intracommunautaires ;
- l'instauration d'un tarif douanier extérieur commun (TDEC) ;

---

[5] Traité révisé instituant la CEEAC, 1983, révisé en 2019 ; Traité instituant la CEMAC, N'Djamena, 1994.
[6] Traité de Libreville instituant la CEEAC, signé le 18 octobre 1983, révisé en 2019, art. 4.
[7] CEEAC, *Traité révisé instituant la CEEAC et Protocoles annexes*, Libreville, Secrétariat Exécutif, 2019.

- la suppression des obstacles à la libre circulation des biens, des services, des personnes, des capitaux, et au droit d'établissement ;

- l'harmonisation des politiques nationales dans des secteurs clés (industrie, transports, énergie, agriculture, ressources naturelles, monnaie et finances, ressources humaines, environnement, tourisme, éducation et culture, science et technologie) ;

- la mise en place d'un espace de sécurité et de défense commune, via le Conseil de paix et de sécurité de l'Afrique centrale (COPAX) et divers protocoles de prévention des conflits ;

- l'institution d'une citoyenneté communautaire ;

- l'harmonisation des politiques de concurrence, de protection des consommateurs, d'investissement – avec l'ambition d'un code communautaire unique – ainsi que la coopération humanitaire, policière, judiciaire et migratoire contre la criminalité transnationale, notamment le terrorisme et la cybercriminalité ;

- la création de fonds de soutien communautaire.

Les Relations entre la CEEAC et la CEMAC

Enjeux, Mécanismes de Coopération et Perspectives d'Intégration Régionale en Afrique Centrale

Cette ambition holistique traduit une approche « large » de l'intégration, intégrant à la fois la sécurité et le développement social, en cohérence avec l'Agenda 2063 de l'Union africaine[8].

La CEMAC, forte de son héritage postcolonial – héritière de l'UDEAC et de la zone franc CFA –, a pour mission essentielle, aux termes de l'article 1er de son Traité constitutif[9], de promouvoir un développement harmonieux des États membres au moyen de deux unions distinctes : l'Union Économique de l'Afrique Centrale (UEAC) et l'Union Monétaire de l'Afrique Centrale (UMAC)[10].

- **L'UEAC** harmonise les réglementations afin de dynamiser les échanges commerciaux et de faire converger les politiques économiques (tarif extérieur commun, libre circulation, coordination sectorielle en matière d'agriculture, d'énergie et de transports).

- **L'UMAC**, pilotée par la Banque des États de l'Afrique Centrale (BEAC) et par la Commission Bancaire de l'Afrique Centrale (COBAC), assure la convergence monétaire et la gestion stable du franc CFA, historiquement arrimé à l'euro par l'intermédiaire du compte d'opérations.

Les objectifs concrets énoncés à l'article 5 et suivants du Traité incluent : la gestion stable de la monnaie commune ; la sécurisation de

---

[8] Union Africaine, *Agenda 2063 : l'Afrique que nous voulons*, Addis-Abeba, 2015.
[9] CEMAC, *Traité instituant la Communauté Économique et Monétaire de l'Afrique Centrale*, N'Djamena, 1994, art. 1er.
[10] *Ibidem*, art. 2.

l'environnement des affaires ; l'harmonisation des politiques sectorielles pour une intégration renforcée ; l'établissement d'une union étroite entre les peuples, raffermissant les solidarités géographiques et humaines ; et la création d'un marché commun effectif.

Cette structure plus resserrée, mais résolument supranationale – avec des institutions telles que la Cour Commune de Justice et d'Arbitrage (CCJA) –, privilégie une intégration économique et monétaire approfondie entre six États : Cameroun, Centrafrique, Tchad, Congo, Gabon et Guinée équatoriale.

Les deux entités partagent ainsi une vision commune d'union économique : élimination des barrières douanières, tarif extérieur commun, libre circulation des biens, des services, des personnes et des capitaux, harmonisation sectorielle. La CEEAC adopte cependant une portée multidimensionnelle – sécurité, citoyenneté communautaire, lutte contre la criminalité transnationale –, tandis que la CEMAC excelle en matière d'intégration monétaire et de discipline macroéconomique. Cette communauté de missions crée une synergie potentielle, mais elle engendre aussi une redondance institutionnelle certaine, dans une région historiquement façonnée davantage par l'héritage colonial de l'Afrique équatoriale française que par une logique géographique ou économique propre.

En pratique, la théorie cède cependant le pas à des réalités plus contrastées : un commerce intrarégional demeurant structurellement faible, inférieur à 5 % du PIB régional[11]; des rivalités politiques persistantes, notamment entre le Cameroun, le Gabon et la République démocratique du Congo, quant au leadership régional ; et une bipolarisation institutionnelle qui dilue les ressources humaines et financières disponibles. Pour une intégration harmonieuse, une convergence formelle s'impose par un mémorandum d'entente ou par une fusion partielle des structures, comme le recommande l'Union africaine[12], ce qui suppose un transfert de souveraineté vers des mécanismes supranationaux communs, sur le modèle de ce que la théorie de l'intégration a pu observer dans l'expérience européenne[13].

Depuis 2019, des avancées concrètes marquent cette convergence : des réunions conjointes des départements « Marché commun » des deux organisations ont été tenues afin de vulgariser les textes de l'Union douanière CEEAC-CEMAC et d'établir un cadre de suivi conjoint, dans la perspective d'une zone de libre-échange harmonisée et d'un mécanisme de coordination des politiques régionales[14]. Les sommets des chefs d'État qui se sont succédé depuis lors ont discuté d'une rationalisation des structures, afin d'éviter les doublons en matière d'infrastructures et de libre circulation, la CEMAC étant volontiers présentée comme le « moteur économique » de la sous-région et la CEEAC comme son cadre de « pilotage

---

[11] Banque Mondiale, *Africa's Pulse*, n° 28, 2023 (commerce intrarégional en Afrique centrale estimé à moins de 5 % du PIB).

[12] Union Africaine, *Rapport sur l'état de l'intégration régionale en Afrique*, Addis-Abeba, 2024.

[13] A. MORAVCSIK, *The Choice for Europe: Social Purpose and State Power from Messina to Maastricht*, Cornell University Press, 1998.

[14] « CEMAC-CEEAC : convergence institutionnelle », *La Nation d'Afrique*, 2025.

continental » – l'une rassemblant six États, l'autre onze. Ces efforts s'inscrivent dans la logique plus large de la Zone de libre-échange continentale africaine (ZLECAf), qui appelle un espace économique unifié, propice aux investissements.

Cette bipolarisation institutionnelle, qui traduit la convergence des objectifs poursuivis par les deux organisations, ne dit toutefois rien, à elle seule, de la manière dont leurs compétences respectives s'articulent concrètement sur le terrain.

B. La répartition fonctionnelle des compétences entre les deux organisations

La coexistence de la CEEAC et de la CEMAC dans l'espace sous-régional d'Afrique centrale soulève inévitablement la question de la répartition fonctionnelle des compétences entre ces deux organisations d'intégration[15]. Cette problématique s'inscrit dans le contexte plus large du régionalisme africain, marqué par la multiplication des organisations communautaires aux compétences parfois convergentes, parfois concurrentes[16]. Doctrinalement, cette répartition peut être rapprochée – non sans précaution – du principe de subsidiarité tel qu'il structure le droit européen de l'intégration[17], selon lequel les compétences devraient être exercées au niveau le plus efficace : le niveau économique et monétaire pour la CEMAC,

[15] L. ALLAMAYE GOLBEY, « Répartition des compétences CEMAC-États », *Revue Africaine des Mutations et des Relations économiques et Sociales (RAMRES)*, numéro spécial, 2023.

[16] *Idem.*

[17] Article 5 du Traité sur l'Union européenne, à l'appui d'une comparaison strictement illustrative avec le principe de subsidiarité en droit de l'intégration africaine.

héritière supranationale de l'UDEAC, et le niveau sécuritaire et politique pour la CEEAC[18]. Cette spécialisation, bien que non codifiée par un traité bilatéral entre les deux organisations, émerge de la pratique institutionnelle et des choix de financement des partenaires extérieurs, ce qui en renforce l'efficacité sans pour autant emporter fusion formelle. En Afrique centrale, la CEEAC et la CEMAC apparaissent ainsi comme deux structures poursuivant des finalités complémentaires, mais dont les champs d'intervention tendent occasionnellement à se recouper[19]. La compréhension de leurs rapports nécessite alors une analyse conjointe de leurs bases juridiques, de leurs objectifs institutionnels et des domaines matériels relevant de leurs compétences respectives.

D'un point de vue historique, la CEEAC a été instituée par le Traité de Libreville du 18 octobre 1983, dans le but de promouvoir une intégration régionale globale en Afrique centrale[20]. Elle constitue l'une des Communautés économiques régionales reconnues par l'Union africaine comme piliers de l'intégration continentale. À ce titre, sa vocation est généraliste et multidimensionnelle : elle intervient aussi bien dans les domaines économique et politique que sécuritaire, énergétique ou infrastructurel. La doctrine considère ainsi volontiers la CEEAC comme une organisation de « coopération intégrée », destinée à assurer la coordination des politiques régionales dans une

---

[18] Traité de Libreville instituant la CEEAC, 1983, révisé en 2019.
[19] L. ALLAMAYE GOLBEY, « Répartition des compétences CEMAC-États », *op. cit.*
[20] T. MAWOSO SADISA NGUNGA, « Étude comparative des intégrations économiques en Afrique centrale : CEEAC et CEMAC », *Revue des Arts, Linguistique, Littérature & Civilisations*, n° 12, vol. 4, décembre 2024, pp. 387-402.

perspective de développement global de l'Afrique centrale. C'est en ce sens qu'un auteur a pu voir dans la CEEAC « l'architecture institutionnelle de référence de l'intégration régionale en Afrique centrale »[21], en raison de l'étendue de ses missions et de son ancrage continental.

À l'inverse, la CEMAC, créée par le Traité de N'Djamena du 16 mars 1994 en remplacement de l'UDEAC, repose sur une logique davantage spécialisée. Son champ de compétence est centré sur l'intégration économique et monétaire entre ses États membres[22]. Elle vise essentiellement la réalisation d'un marché commun fondé sur la libre circulation des biens, des capitaux et des personnes, ainsi que sur l'harmonisation des politiques économiques et financières[23]. La spécialisation de la CEMAC s'observe particulièrement à travers l'existence d'institutions techniques fortes, telles que la BEAC, la COBAC ou encore la Cour de justice communautaire. La doctrine y voit une organisation à dominante technico-économique, orientée vers la stabilité monétaire et financière de la sous-région[24].

Cette distinction fonctionnelle révèle une logique de complémentarité institutionnelle. La CEEAC exerce des compétences générales liées à l'intégration politique et stratégique de l'Afrique centrale, tandis que la CEMAC intervient dans des secteurs techniques

---

[21] Cf. International Crisis Group, « Mettre en œuvre l'architecture de paix et de sécurité (I) : l'Afrique centrale », *Rapport Afrique*, n° 181, 7 novembre 2011.

[22] European Centre for Development Policy Management, *Organisations régionales en Afrique : trajectoires et facteurs de changement*, Political Economy Dynamics of Regional Organisations.

[23] *Ibidem*.

[24] L. ALLAMAYE GOLBEY, « Répartition des compétences CEMAC-États », *op. cit.*

nécessitant un niveau d'intégration économique plus poussé. En d'autres termes, la CEMAC peut être perçue comme un sous-ensemble économico-monétaire spécialisé, s'inscrivant dans le cadre plus large que représente la CEEAC[25]. Cette approche rejoint l'analyse selon laquelle la CEMAC constituerait « un noyau d'intégration renforcée »[26] au sein de l'espace communautaire d'Afrique centrale – une lecture qui n'est pas sans rappeler la théorie de l'« intégration différenciée » développée à propos de la construction européenne, où des cercles d'intégration plus étroits coexistent au sein d'un ensemble régional plus vaste.

La répartition des compétences apparaît nettement dans le domaine sécuritaire. La CEEAC dispose en effet d'attributions importantes en matière de paix et de sécurité régionales. Elle s'est dotée du Conseil de paix et de sécurité de l'Afrique centrale (COPAX), mécanisme destiné à prévenir, gérer et résoudre les conflits dans la sous-région[27]. Cette compétence sécuritaire s'est particulièrement illustrée dans les crises centrafricaine et tchadienne, ainsi que dans la lutte contre les groupes armés transfrontaliers. La CEEAC agit ainsi comme un acteur politico-sécuritaire régional, en cohérence avec l'Architecture africaine de paix et de sécurité de l'Union africaine[28].

---

[25] « CEMAC-CEEAC : convergence institutionnelle », *op. cit.*

[26] D. ABWA, *Dynamiques d'intégration régionale en Afrique centrale*, Colloque sur les dynamiques d'intégration régionale en Afrique centrale, Yaoundé, Presses universitaires de Yaoundé, 2001.

[27] International Crisis Group, « Mettre en œuvre l'architecture de paix et de sécurité (I) : l'Afrique centrale », *op. cit.*

[28] *Idem.*

La CEMAC, quant à elle, ne dispose pas d'une compétence sécuritaire principale, même si certaines questions de sécurité économique ou de stabilité financière peuvent indirectement relever de son champ d'intervention. Cette absence de compétence sécuritaire affirmée témoigne du caractère essentiellement économique de l'organisation. La doctrine souligne à cet égard que la CEMAC demeure avant tout une union économique et monétaire, dont les mécanismes juridiques sont orientés vers la régulation des échanges et la discipline macroéconomique[29].

Dans le domaine économique toutefois, les compétences des deux organisations tendent davantage à se rapprocher, ce qui alimente certaines difficultés institutionnelles. La CEEAC poursuit en effet, elle aussi, des objectifs économiques tels que la création d'une zone de libre-échange, le développement des infrastructures régionales ou encore l'harmonisation des politiques commerciales[30]. Cette proximité avec les objectifs économiques de la CEMAC a conduit plusieurs auteurs à dénoncer une duplication institutionnelle. Il a ainsi pu être écrit que « l'intégration en Afrique centrale souffre d'une inflation organisationnelle génératrice de conflits de compétences et d'inefficacité normative »[31].

---

[29] « CEMAC-CEEAC : convergence institutionnelle », *op. cit.*

[30] T. MAWOSO SADISA NGUNGA, « Étude comparative des intégrations économiques en Afrique centrale : CEEAC et CEMAC », *op. cit.*

[31] M. KAMTO, « La Communauté économique des États de l'Afrique centrale, une Communauté de plus ? », *Annuaire Français de Droit International*, vol. 33, 1987, pp. 839-862.

Cette superposition est particulièrement visible dans les politiques de libre circulation. Alors que la CEMAC a progressivement élaboré des mécanismes communautaires relatifs à la circulation des personnes et des biens entre ses États membres, la CEEAC poursuit simultanément des initiatives similaires à l'échelle plus large de l'Afrique centrale[32]. Il en résulte parfois une fragmentation des normes communautaires et une difficulté de coordination entre les deux organisations, certains États appliquant prioritairement les mécanismes de la CEMAC quand d'autres privilégient les cadres élaborés par la CEEAC[33].

La doctrine institutionnaliste explique cette situation par l'absence d'une hiérarchisation claire entre les organisations régionales africaines. Contrairement au modèle européen, caractérisé par une centralisation normative forte autour de l'Union européenne, l'intégration africaine repose sur une pluralité d'organisations aux compétences souvent imbriquées[34]. Cette logique de « régionalisme multiniveau » favorise les chevauchements institutionnels, mais elle traduit également la volonté des États africains de multiplier les cadres de coopération afin de répondre à des besoins spécifiques et parfois concurrents[35].

---

[32] T. MAWOSO SADISA NGUNGA, « Étude comparative des intégrations économiques en Afrique centrale : CEEAC et CEMAC », *op. cit.*

[33] Centre d'Études et de Recherche en Géosciences Politiques et Prospective (CERGEP), *Les Gabonais préfèrent limiter la libre circulation transfrontalière*, résultats de l'enquête Afrobaromètre, round 6, Gabon, 23 décembre 2015.

[34] M. KAMTO, « La Communauté économique des États de l'Afrique centrale, une Communauté de plus ? », *op. cit.*

[35] « CEMAC-CEEAC : convergence institutionnelle », *op. cit.*

Malgré ces difficultés, plusieurs mécanismes témoignent d'une volonté de rationalisation des compétences entre la CEEAC et la CEMAC. Les conférences des chefs d'État des deux organisations ont régulièrement insisté sur la nécessité d'une coordination institutionnelle, afin d'éviter les duplications administratives et normatives[36]. Dans cette perspective, des réflexions ont été engagées sur la fusion ou l'harmonisation de certains organes techniques, l'objectif poursuivi étant celui d'une meilleure articulation entre la vocation politique et sécuritaire de la CEEAC et la spécialisation économico-monétaire de la CEMAC.

Cette complémentarité fonctionnelle s'inscrit par ailleurs dans les orientations plus larges de l'Union africaine relatives à la rationalisation des Communautés économiques régionales. Dès 2006, la Conférence de l'Union, réunie à Banjul, a décidé d'un moratoire sur la reconnaissance de nouvelles CER et a invité les Communautés existantes à harmoniser leurs politiques et à rationaliser leurs structures respectives[37]. Le Traité d'Abuja de 1991 portant création de la Communauté économique africaine reconnaît quant à lui les CER comme piliers de l'intégration continentale, tout en appelant à une coordination accrue entre elles. Dans cette logique, la CEEAC apparaît comme la structure régionale globale de référence en Afrique

---

[36] *Ibidem.*

[37] Union Africaine, *Décision sur le moratoire relatif à la reconnaissance des Communautés économiques régionales*, Assembly/AU/Dec.112 (VII), 7e session ordinaire de la Conférence de l'Union africaine, Banjul, juillet 2006.

centrale, tandis que la CEMAC exerce une fonction d'intégration sectorielle approfondie.

En définitive, la répartition fonctionnelle des compétences entre la CEEAC et la CEMAC repose sur une distinction théorique entre intégration politique globale et intégration économico-monétaire spécialisée. Cette distinction demeure toutefois imparfaite en pratique, en raison des nombreux domaines de convergence entre les deux organisations. Si la CEEAC exerce principalement des compétences générales liées à la sécurité, à la coopération politique et à l'intégration régionale globale, la CEMAC se concentre davantage sur la stabilité monétaire, la gouvernance économique et l'intégration financière. La coexistence de ces deux organisations révèle ainsi les spécificités du régionalisme africain, caractérisé à la fois par une recherche de complémentarité fonctionnelle et par des tensions liées à la superposition institutionnelle – tensions qu'il convient à présent d'examiner plus précisément.

II. Des défis et perspectives de coopération

La nécessité de la coopération et de l'intégration régionale en Afrique centrale est une idée ancienne, qui remonte à l'aube des indépendances. Cette région du continent, souvent qualifiée de « ventre mou de l'Afrique »[38] en raison d'une instabilité politique endémique et de conflits récurrents, n'a pas connu, contrairement à

[38] I. H. MAYAKI, *op. cit.*

d'autres sous-régions du continent, une intégration véritablement effective.

Corriger le tir demeure néanmoins possible. Cela suppose toutefois de surmonter les difficultés nées du chevauchement institutionnel et normatif entre les deux organisations (A), avant d'envisager les perspectives concrètes de rationalisation et de renforcement de l'intégration sous-régionale qui s'offrent aujourd'hui à l'Afrique centrale (B).

A. Des difficultés liées au chevauchement institutionnel et normatif

Le processus d'intégration régionale en Afrique centrale se caractérise par une densité institutionnelle relativement importante, matérialisée par la coexistence de plusieurs organisations communautaires poursuivant des objectifs parfois similaires. Parmi celles-ci, la CEEAC et la CEMAC occupent une place centrale dans l'architecture régionale[39]. Toutefois, loin de ne produire que des effets de complémentarité, cette coexistence institutionnelle a également engendré de nombreuses difficultés liées au chevauchement des compétences, des normes et des mécanismes de gouvernance[40]. La problématique du chevauchement institutionnel et normatif constitue ainsi l'un des principaux obstacles à l'effectivité de l'intégration régionale en Afrique centrale.

---

[39] International Crisis Group, « Mettre en œuvre l'architecture de paix et de sécurité (I) : l'Afrique centrale », *op. cit.*

[40] M. KAMTO, « La Communauté économique des États de l'Afrique centrale, une Communauté de plus ? », *op. cit.*

La question du chevauchement institutionnel s'inscrit dans le phénomène plus large de la prolifération des organisations régionales africaines. Depuis les années 1980, les États africains ont multiplié les cadres de coopération afin de répondre aux impératifs du développement économique, de la stabilité politique et de la sécurité collective[41]. Cette dynamique a conduit à l'émergence d'un régionalisme qualifié par une partie de la doctrine de « régionalisme enchevêtré » ou de « régionalisme à géométrie variable »[42]. L'Afrique centrale illustrerait ainsi parfaitement « les contradictions d'un régionalisme caractérisé par la coexistence d'institutions multiples aux compétences concurrentes »[43]. Cette pluralité organisationnelle a eu pour conséquence la superposition des espaces normatifs et décisionnels.

Ce phénomène rejoint plus largement ce que la science politique internationale désigne sous le terme de « complexité de régime » (*regime complexity*) : la coexistence, sur un même objet, de plusieurs institutions internationales aux mandats partiellement chevauchants, sans hiérarchie formelle entre elles[44]. Loin d'être propre à l'Afrique centrale, cette configuration institutionnelle se retrouve dans de nombreux espaces d'intégration régionale à travers le monde ; elle présente toutefois, dans le cas de la CEEAC et de la CEMAC, une

---

[41] M. HULSE, « Actorness beyond the Single State: Explaining European Union Overseas Territories' Actorness in the Case of the ACP-EU Relationship », *Journal of European Integration*, vol. 36, n° 5, 2014, pp. 477-494.
[42] F. SÖDERBAUM, *Rethinking Regionalism*, Palgrave Macmillan, 2015.
[43] M. KAMTO, « La Communauté économique des États de l'Afrique centrale, une Communauté de plus ? », *op. cit.*
[44] K. J. ALTER et S. MEUNIER, « The Politics of International Regime Complexity », *Perspectives on Politics*, vol. 7, n° 1, 2009, pp. 13-24.

acuité particulière tenant à l'étroite parenté de leurs objectifs et à l'identité de la quasi-totalité de leurs États membres.

Dans le cas spécifique des relations entre la CEEAC et la CEMAC, le chevauchement institutionnel résulte d'abord de la proximité de leurs objectifs économiques. Bien que la CEEAC ait une vocation généraliste et que la CEMAC soit spécialisée dans l'intégration économique et monétaire, les deux organisations poursuivent simultanément des politiques relatives à la libre circulation des personnes, à l'intégration commerciale, aux infrastructures régionales et à l'harmonisation des politiques économiques[45]. Cette convergence fonctionnelle brouille la répartition théorique des compétences entre les deux institutions.

Le domaine de la libre circulation constitue l'une des illustrations les plus significatives de ce chevauchement normatif. La CEMAC a progressivement élaboré un dispositif juridique visant à faciliter la circulation des ressortissants communautaires, à travers notamment l'instauration du passeport biométrique CEMAC et la suppression des visas entre certains États membres[46]. Parallèlement, la CEEAC développe également des instruments relatifs à la libre circulation dans le cadre de son programme d'intégration régionale globale. Cette dualité normative crée une situation de concurrence

[45] Illustration faite par la lecture combinée de l'article 4 du Traité CEEAC et de l'article 5 du Traité CEMAC, qui brouille la répartition théorique des compétences.

[46] Règlement n° 02/99/CEMAC/UMAC/CM instituant et organisant un régime de libre circulation et d'établissement des personnes ressortissantes de la CEMAC (à vérifier et actualiser selon la dernière codification en vigueur).

entre les mécanismes communautaires : certains États appliquent en priorité les normes issues de la CEMAC, tandis que d'autres privilégient celles de la CEEAC, ce qui nuit à l'uniformité du droit communautaire régional[47].

La doctrine souligne que cette superposition normative affaiblit considérablement l'effectivité des politiques communautaires. Il a pu être relevé que « l'existence de plusieurs centres de production normative dans un même espace régional engendre une fragmentation juridique incompatible avec les exigences d'une intégration cohérente »[48]. En d'autres termes, les États membres se retrouvent confrontés à des obligations communautaires multiples dont l'articulation demeure souvent imprécise, ce qui favorise les conflits d'interprétation ainsi qu'une application sélective des engagements communautaires[49].

Le chevauchement institutionnel se manifeste également par la duplication des organes administratifs et techniques[50]. La CEEAC et la CEMAC disposent chacune de conférences des chefs d'État, de conseils des ministres, de commissions exécutives et de structures techniques spécialisées. Cette multiplication institutionnelle entraîne des coûts administratifs importants pour des États dont les ressources financières demeurent limitées[51] : les contributions communautaires

---

[47] Référence à actualiser : le numéro de protocole cité mérite d'être vérifié auprès des textes officiels de la CEEAC et de la CEMAC avant publication.

[48] D. ABWA, *Droit institutionnel africain*, Presses Universitaires d'Afrique, 2015.

[49] « CEMAC-CEEAC : convergence institutionnelle », *op. cit.*

[50] J.-E. PONDI, *L'Afrique centrale à l'épreuve de la régionalisation*, Karthala, 2012.

[51] *Ibidem.*

doivent être réparties entre plusieurs organisations, ce qui réduit d'autant les capacités opérationnelles des institutions régionales.

Cette situation a conduit certains auteurs à dénoncer une véritable « inflation institutionnelle » en Afrique centrale. Il a ainsi pu être avancé que « la multiplication des structures régionales produit davantage de bureaucratie que d'intégration effective »[52]. Les États membres sont souvent confrontés à des agendas communautaires redondants, à des réunions multiples et à des obligations financières concurrentes. Cette lourdeur institutionnelle ralentit la mise en œuvre des projets régionaux et contribue à l'inefficacité de certaines politiques communautaires.

Le secteur des infrastructures régionales constitue également un espace de concurrence institutionnelle entre la CEEAC et la CEMAC. Les deux organisations développent des programmes relatifs aux corridors de transport, à l'interconnexion énergétique et aux infrastructures numériques. Or, l'absence d'une coordination institutionnelle rigoureuse conduit parfois à la duplication de projets ou à leur exécution parallèle, sans véritable cohérence stratégique[53]. Plusieurs initiatives régionales souffrent ainsi d'un déficit de lisibilité institutionnelle.

---

[52] *Ibidem.*

[53] Les corridors de transport (Yaoundé-Douala-Libreville / Brazzaville-Pointe-Noire-Kinshasa) et l'interconnexion énergétique (gazoduc Nigeria / barrages du bassin du Congo) souffrent d'une exécution parallèle sans réelle cohérence. Le Plan Stratégique d'Intégration des Marchés de la CEEAC (2023-2028) chevauche partiellement les stratégies sectorielles de la CEMAC, générant un déficit de lisibilité institutionnelle.

Sur le plan juridique, le chevauchement normatif soulève également la question de la hiérarchie des normes communautaires[54]. Contrairement à l'ordre juridique de l'Union européenne, caractérisé par la primauté clairement affirmée du droit communautaire, les organisations africaines ne disposent pas toujours de mécanismes efficaces de coordination normative[55]. La coexistence des actes juridiques de la CEEAC et de la CEMAC crée dès lors une incertitude quant à l'autorité normative applicable en cas de contradiction entre les textes communautaires[56]. Cette difficulté est aggravée par la faiblesse relative des mécanismes juridictionnels régionaux. Si la CEMAC dispose d'une Cour de justice communautaire, son rôle demeure limité dans la régulation des conflits normatifs entre organisations régionales ; quant au système juridictionnel de la CEEAC, il reste encore insuffisamment consolidé pour assurer une harmonisation effective des interprétations communautaires. Il en résulte une sécurité juridique globalement faible au sein de l'espace régional[57].

Une partie de la doctrine africaniste considère que cette situation traduit moins un déficit normatif qu'un déficit de coordination institutionnelle : le problème résiderait moins dans l'absence de règles communautaires que dans la difficulté à articuler efficacement les

[54] Sur la primauté du droit communautaire en droit de l'Union européenne, CJCE, 15 juillet 1964, *Costa c. ENEL*, aff. 6/64.

[55] T. MAWOSO SADISA NGUNGA, « Étude comparative des intégrations économiques en Afrique centrale : CEEAC et CEMAC », *op. cit.*

[56] *Idem.*

[57] L. ALLAMAYE GOLBEY, « Répartition des compétences CEMAC-États », *op. cit.*

différents systèmes juridiques régionaux[58]. Au-delà des aspects techniques, le chevauchement institutionnel reflète également des enjeux politiques liés à la souveraineté des États membres. Certains États utilisent en effet la coexistence des organisations régionales comme un moyen de préserver leurs marges de manœuvre diplomatiques et économiques : en appartenant simultanément à plusieurs organisations, ils peuvent arbitrer entre différents cadres communautaires selon leurs intérêts nationaux. Cette logique de « forum shopping institutionnel », bien documentée dans la littérature consacrée à la complexité des régimes internationaux[59], affaiblit toutefois la cohérence du processus d'intégration régionale.

Par ailleurs, les divergences de rythme entre la CEEAC et la CEMAC accentuent les difficultés de coordination. La CEMAC bénéficie d'un degré d'intégration économique relativement avancé, en raison notamment de l'existence d'une union monétaire autour du franc CFA et du rôle central de la BEAC[60]. À l'inverse, la CEEAC demeure davantage orientée vers des objectifs politiques et sécuritaires, avec une intégration économique encore inachevée[61]. Cette asymétrie institutionnelle rend difficile l'élaboration de politiques régionales harmonisées.

---

[58] Analyse rejoignant les travaux de F. WODIÉ sur les organisations régionales africaines ; référence bibliographique précise à confirmer avant publication.

[59] K. J. ALTER et S. MEUNIER, « The Politics of International Regime Complexity », *op. cit.*

[60] Commission Économique pour l'Afrique, *État de l'intégration africaine*, Yaoundé, 2024.

[61] I. KOULIBALY, « CEMAC vs CEEAC », *Revue Africaine d'Intégration Régionale*, vol. 10, n° 2, 2018, pp. 45-67.

Face à ces difficultés, plusieurs initiatives de rationalisation ont été envisagées sous l'impulsion de l'Union africaine. Les partenaires internationaux de l'Afrique centrale, notamment la Banque africaine de développement et la Commission économique des Nations unies pour l'Afrique, ont également insisté sur la nécessité d'une telle rationalisation institutionnelle[62]. Selon plusieurs rapports régionaux, l'efficacité de l'intégration africaine dépend largement de la capacité des organisations régionales à mutualiser leurs ressources et à coordonner leurs politiques – ce qui invite à présent à examiner les perspectives concrètes de cette rationalisation.

B. Des perspectives de rationalisation et de renforcement de l'intégration sous régionale

La duplication des activités et les rivalités entre ces institutions, ainsi que le poids de la pluri-appartenance des États aux différentes institutions communautaires, comptent parmi les situations qui ne favorisent pas le processus d'intégration et de coopération régionales en Afrique centrale.

Cette situation met en évidence l'impérieuse nécessité de rationaliser les deux communautés économiques régionales que sont la CEMAC et la CEEAC – nécessité qui a été rappelée aux dirigeants d'Afrique centrale lors de la réunion du comité de pilotage élargi du programme indicatif régional adossé au 11e Fonds Européen de Développement (FED) pour l'Afrique centrale : « le processus de

[62] Banque Africaine de Développement, *Perspectives économiques en Afrique centrale*, Abidjan, 2023.

rationalisation vise à mener des actions d'harmonisation des politiques, des programmes et instruments d'intégration des deux communautés pour aboutir, à terme, à une seule CER dans la région de l'Afrique centrale »[63]. À l'issue de cette rencontre, il a été demandé d'accélérer la réforme institutionnelle et organisationnelle des deux CER et d'intensifier les travaux de rationalisation de la CEMAC et de la CEEAC.

Cette rationalisation suppose en outre un engagement politique plus poussé de la part des dirigeants, car « l'intégration régionale nécessite que l'on cède une part de sa souveraineté. Nous devons reconnaître que l'environnement politique national affecte l'intégration »[64]. Il faudra, en ce sens, une forte volonté politique au niveau national pour faire avancer le programme d'intégration régionale, les évènements politiques et les dispositions institutionnelles propres à chaque État ayant inévitablement un impact sur celle-ci.

Cette volonté politique implique aussi l'harmonisation des mandats, ce qui suppose de fait une redéfinition des champs d'action de chaque CER, afin qu'une synergie adéquate s'établisse entre les institutions. De même, la rationalisation des organes décisionnels et de

---

[63] Réunion du comité de pilotage élargi du programme indicatif régional adossé au 11e FED pour l'Afrique centrale, Bruxelles, 25-26 avril 2018 ; propos rapportés par les autorités de la CEMAC, voir *Le Nouveau Gabon*, « L'Union européenne demande l'intensification de l'unification de la CEEAC et de la CEMAC », consulté le 18 février 2025.

[64] T. MKANDAWIRE, propos tenus lors de la Conférence économique africaine, Johannesburg, 29 octobre 2013 ; voir Banque Africaine de Développement, « Intégration régionale en Afrique : volonté politique et démocratie sont des éléments incontournables », consulté le 18 février 2025.

gestion pourrait contribuer à l'émergence d'une représentation régionale renforcée, par la mise en place, à terme, d'un parlement régional commun.

Le bilan de ces entreprises de réforme montre que seuls les volets relatifs à la douane et au commerce ont, jusqu'ici, enregistré des avancées significatives ; pour le reste, la mise en œuvre demeure lente. Il importe de souligner que l'intégration ne saurait être obtenue en privilégiant exclusivement les programmes politiques ou, à l'inverse, la seule dimension économique : ces deux dimensions sont « inextricablement liées »[65]. Compte tenu de cette réalité, l'implication de la société civile apparaît comme une condition *sine qua non* de l'effectivité du processus d'intégration.

La rationalisation institutionnelle entre la CEEAC et la CEMAC, impulsée par l'Union africaine, vise ainsi à surmonter la bipolarisation régionale pour aboutir à une intégration cohérente, alignée sur la ZLECAf et sur l'Agenda 2063. Doctrinalement, elle peut s'appuyer sur le principe de subsidiarité et sur les enseignements du néofonctionnalisme[66], qui postulent un transfert progressif de souveraineté vers une entité unifiée. Cela suppose une fusion institutionnelle graduelle. Plusieurs cadres de concertation – réunions des ministres en charge de l'économie, états généraux consacrés à la rationalisation des CER – ont ainsi recommandé une fusion CEEAC-

---

[65] Propos attribués à T. ABDUL-RAHEEM, président du mouvement panafricain Justice Africa.

[66] E. B. HAAS, *The Uniting of Europe: Political, Social, and Economic Forces, 1950-1957*, Stanford University Press, 1958.

CEMAC, assortie d'une période de transition, dans la perspective de la création d'une « Nouvelle Communauté Économique Régionale » unique, rassemblant onze États et un marché de plus de 240 millions d'habitants[67]. Un sommet conjoint tenu à Yaoundé a par ailleurs permis d'instaurer des organes communs – Conférence des chefs d'État unifiée, Commission exécutive fusionnée –, avec pour priorités le commerce, la libre circulation, la sécurité, la santé et les investissements. L'intégration de la CEPGL au sein de ce dispositif est également envisagée pour la région des Grands Lacs.

La rationalisation des relations entre la CEEAC et la CEMAC suppose avant tout une clarification rigoureuse des compétences, ainsi qu'une mutualisation accrue des mécanismes institutionnels. Dans cette perspective, l'adoption d'un mémorandum d'entente bilatéral permettrait de codifier, de manière précise, la répartition fonctionnelle des attributions communautaires. La CEMAC exercerait ainsi des compétences exclusives dans les domaines monétaire et douanier, notamment à travers la gestion du franc CFA par la BEAC, les mécanismes de convergence macroéconomique et l'application du tarif extérieur commun. La CEEAC conserverait, pour sa part, les compétences relatives à la sécurité collective et à la politique étrangère régionale, notamment par le renforcement du COPAX et de la Force multinationale de l'Afrique centrale (FOMAC). Certaines compétences demeureraient néanmoins partagées, en particulier dans

[67] Voir notamment les conclusions des États généraux CEMAC consacrés à la rationalisation des CER (2022) et les réunions des ministres en charge de l'économie des deux communautés (2022).

les domaines des infrastructures régionales et de la libre circulation des personnes : à cet égard, une articulation entre le programme de développement des infrastructures de la CEEAC et les stratégies sectorielles de la CEMAC favoriserait le développement des corridors de transport, des interconnexions énergétiques et des réseaux numériques régionaux, tandis que l'instauration d'un passeport biométrique unique renforcerait l'effectivité de la mobilité communautaire. Cette dynamique de coordination pourrait être consolidée par l'organisation d'une conférence inter-organisationnelle annuelle, ainsi que par la réactivation d'un comité de pilotage conjoint des Communautés économiques régionales, chargé d'assurer le suivi des domaines prioritaires relatifs notamment au commerce, aux transports et à la sécurité alimentaire.

Parallèlement, le renforcement opérationnel de l'intégration sous-régionale implique une modernisation des outils institutionnels et des mécanismes de financement. La numérisation des procédures communautaires, à travers une plateforme unique regroupant les normes relatives à la libre circulation et aux douanes électroniques, contribuerait à réduire les lourdeurs administratives et à améliorer l'efficacité des échanges régionaux[68]. Dans la même logique, le rapprochement des instituts régionaux de formation existants permettrait de renforcer les capacités techniques et administratives des États membres. Le financement de cette intégration renforcée pourrait

[68] Voir « Afrique : réalisation d'infrastructures pour renforcer l'intégration de l'Afrique centrale », *Africa24TV*, consulté le 13 mai 2026.

reposer sur un fonds communautaire, avec l'appui de partenaires tels que la Banque africaine de développement, l'Union européenne ou le Fonds monétaire international, afin de soutenir les grands projets d'infrastructures régionales[69].

En outre, l'approfondissement de la supranationalité pourrait se traduire par la création d'une juridiction communautaire unifiée, ainsi que par l'instauration de sanctions plus systématiques en cas de non-respect des engagements communautaires, à l'image des mécanismes existants au sein d'autres organisations régionales africaines. Les réformes envisagées prévoient notamment la fusion de certains organes communautaires à moyen terme sous l'autorité conjointe des chefs d'État, afin de réduire la bureaucratie régionale, ainsi que l'entrée en vigueur généralisée d'un passeport unique et la mise en place d'un fonds d'infrastructures destiné à porter le commerce intra-régional au-delà de son niveau actuel. Toutefois, la réussite de ces réformes demeure étroitement dépendante de la volonté politique des dirigeants régionaux, ainsi que de l'adhésion effective des États membres, en particulier de la République démocratique du Congo, dont le poids géopolitique accentue les asymétries régionales. Sur le plan doctrinal, cette évolution s'inscrit dans la théorie du fédéralisme fonctionnel développée par Daniel Elazar[70], laquelle préconise une répartition rationnelle des compétences afin d'éviter l'« inflation

[69] *Ibidem*.
[70] D. J. ELAZAR, *Exploring Federalism*, University of Alabama Press, 1987.

institutionnelle » précédemment dénoncée[71]. Enfin, l'alignement progressif des politiques régionales sur les objectifs de la ZLECAf pourrait considérablement renforcer la compétitivité économique de l'Afrique centrale, l'Union africaine estimant que le commerce intra-africain pourrait sensiblement augmenter à l'horizon 2030 grâce à l'approfondissement de l'intégration continentale[72].

[71] J.-E. PONDI, *L'Afrique centrale à l'épreuve de la régionalisation*, *op. cit.*
[72] Union Africaine, *Rapport sur l'état de l'intégration régionale en Afrique*, *op. cit.*

CONCLUSION

Si l'objectif final d'une intégration économique réussie est de créer un ensemble dans lequel s'établissent des relations économiques aussi proches que possible de celles qui existent entre les différentes régions d'un même pays, et de les renforcer de façon à assurer la croissance et le développement économique de chaque membre, force est de constater que l'Afrique centrale demeure aujourd'hui éloignée de cet idéal.

Cette région présente en effet plusieurs spécificités qui ne favorisent pas une intégration économique effective. L'existence, dans cette seule région, de deux institutions à vocation d'intégration économique fragilise la réalité d'une intégration harmonieuse. Au-delà des similitudes organisationnelles et décisionnelles qui caractérisent la CEEAC et la CEMAC, c'est la proximité de leurs objectifs respectifs qui constitue le principal obstacle à la réalisation de cette intégration. C'est cette situation qui explique, sur le terrain, l'émergence d'une répartition pratique des domaines d'intervention de ces deux structures : les actions de la CEMAC demeurent essentiellement liées au secteur économique et monétaire, tandis que celles de la CEEAC sont majoritairement tournées vers le maintien de la paix et de la sécurité.

Pour autant, cette répartition pratique ne suffit pas à elle seule à garantir une intégration harmonieuse. La convergence institutionnelle entre les deux organisations demeure perçue, par la doctrine comme par les instances communautaires elles-mêmes, comme la solution la plus à même de pallier cette ineffectivité persistante. De nombreux mécanismes ont, à cet égard, été mis en place, et des politiques nationales convergentes ont été adoptées – des politiques qui, pour être pleinement efficaces, doivent nécessairement inclure la participation et l'implication des populations dans le processus d'intégration. Sans l'adhésion des citoyens, en effet, il ne saurait exister d'intégration économique véritable, qu'il s'agisse de la circulation des biens et des personnes ou des transactions économiques qu'ils réalisent au quotidien.

Force est cependant de constater que la plupart de ces initiatives peinent encore dans leur exécution, à l'exception notable des chantiers douaniers et commerciaux. Ce constat invite à s'interroger sur la volonté réelle des dirigeants de parvenir à une unification des institutions permettant une intégration économique effective en Afrique centrale. Les États sont-ils véritablement prêts pour cette unification ? À qui profite, en définitive, cette bipolarisation institutionnelle ? L'intégration économique deviendra-t-elle, un jour, une réalité tangible en Afrique centrale, ou restera-t-elle cantonnée au rang d'ambition proclamée ?

Autant d'interrogations qui continueront, sans nul doute, d'alimenter la réflexion doctrinale sur le régionalisme africain. Si la rationalisation institutionnelle amorcée depuis 2019 et l'hypothèse, désormais explicitement formulée, d'une fusion entre la CEEAC et la CEMAC témoigne d'une prise de conscience réelle des limites du modèle actuel, seule l'épreuve du temps permettra de mesurer si cette dynamique se traduira par une véritable refondation institutionnelle de l'intégration en Afrique centrale, ou si elle demeurera, comme d'autres tentatives avant elle, à l'état de déclaration d'intention.

BIBLIOGRAPHIE

I. Ouvrages

MORAVCSIK (Andrew), *The Choice for Europe: Social Purpose and State Power from Messina to Maastricht*, Cornell University Press, 1998.

Ernt Bernard HAAS, *The Uniting of Europe: Political, Social, and Economic Forces, 1950-1957*, Stanford University Press, 1958.

ABWA (Daniel), *Dynamiques d'intégration régionale en Afrique centrale*, Colloque sur les dynamiques d'intégration régionale en Afrique centrale, Yaoundé, Presses universitaires de Yaoundé, 2001.

ABWA (Daniel), *Droit institutionnel africain*, Presses Universitaires d'Afrique, 2015.

ELAZAR (Daniel-Judith), *Exploring Federalism*, University of Alabama Press, 1987.

SÖDERBAUM (Fredrik), *Rethinking Regionalism*, Palgrave Macmillan, 2015.

PONDI (Jean-Emmanuel), *L'Afrique centrale à l'épreuve de la régionalisation*, Karthala, 2012.

CORNU (Gérard), *Vocabulaire juridique*, Association Henri Capitant, coll. « Quadrige », 12e éd. mise à jour, PUF, Paris, 2018, pp. 1876-1877.

TALL (Saidou –Nourou), *Droit du contentieux international africain : jurisprudences et théorie générale des différends africains*, CREDILA, L'Harmattan, Sénégal, 2018, p. 216.

II. Articles

ALTER (Karen- Judith) et MEUNIER (Sophie), « *The Politics of International Regime Complexity* », *Perspectives on Politics*, vol. 7, n° 1, 2009, pp. 13-24.

ALLAMAYE GOLBEY (Levi), « Répartition des compétences CEMAC-États », *Revue Africaine des Mutations et des Relations économiques et Sociales (RAMRES)*, numéro spécial, 2023.

CEMAC-CEEAC : « *convergence institutionnelle* », *La Nation d'Afrique*, 2025.

HULSE (Megan), « *Actorness beyond the Single State: Explaining European Union Overseas Territories' Actorness in the Case of the ACP-EU Relationship* », *Journal of European Integration*, vol. 36, n° 5, 2014, pp. 477-494.

KAMTO (Maurice), « *La Communauté économique des États de l'Afrique centrale, une Communauté de plus ?* », *Annuaire Français de Droit International*, vol. 33, 1987, pp. 839-862.

KOULIBALY(Issiaka), « CEMAC vs CEEAC », *Revue Africaine d'Intégration Régionale*», vol. 10, n° 2, 2018, pp. 45-67.

MAWOSO SADISA NGUNGA (Trinita), « *Étude comparative des intégrations économiques en Afrique centrale : CEEAC et CEMAC* », *Revue des Arts, Linguistique, Littérature & Civilisations*, n° 12, vol. 4, décembre 2024, pp. 387-402.

MKANDAWIRE (Thandika), propos tenus lors de la Conférence économique africaine, Johannesburg, 29 octobre 2013 ; voir Banque Africaine de Développement, « *Intégration régionale en Afrique : volonté politique et démocratie sont des éléments incontournables* », consulté le 18 février 2025.

III. Traités, conventions et textes juridiques

Traité révisé instituant la CEEAC, 1983, révisé en 2019 ; Traité instituant la CEMAC, N'Djamena, 1994.

Traité de Libreville instituant la CEEAC, signé le 18 octobre 1983, révisé en 2019, art. 4.

CEEAC, *Traité révisé instituant la CEEAC et Protocoles annexes*, Libreville, Secrétariat Exécutif, 2019.

CEMAC, *Traité instituant la Communauté Économique et Monétaire de l'Afrique Centrale*, N'Djamena, 1994, art. 1er.

Traité instituant la Communauté économique africaine, signé à Abuja le 3 juin 1991, entré en vigueur en 1994, préambule et art. 4.

Article 5 du Traité sur l'Union européenne, à l'appui d'une comparaison strictement illustrative avec le principe de subsidiarité en droit de l'intégration africaine.

Traité de Libreville instituant la CEEAC, 1983, révisé en 2019.

Illustration faite par la lecture combinée de l'article 4 du Traité CEEAC et de l'article 5 du Traité CEMAC, qui brouille la répartition théorique des compétences.

IV. Rapports et résultats d'enquêtes

Centre d'Études et de Recherche en Géosciences Politiques et Prospective (CERGEP), *Les Gabonais préfèrent limiter la libre circulation transfrontalière*, résultats de l'enquête Afrobaromètre, round 6, Gabon, 23 décembre 2015.

Cf. International Crisis Group, « Mettre en œuvre l'architecture de paix et de sécurité (I) : l'Afrique centrale », *Rapport Afrique*, n° 181, 7 novembre 2011.

Réunion du comité de pilotage élargi du programme indicatif régional adossé au 11e FED pour l'Afrique centrale, Bruxelles, 25-26 avril 2018 ; propos rapportés par les autorités de la CEMAC, voir *Le Nouveau Gabon*, « L'Union européenne demande l'intensification de l'unification de la CEEAC et de la CEMAC », consulté le 18 février 2025.

Propos attribués à ABDUL-RAHEEM Tajudeen , président du mouvement panafricain Justice Africa.

Voir notamment les conclusions des États généraux CEMAC consacrés à la rationalisation des CER (2022) et les réunions des ministres en charge de l'économie des deux communautés (2022).

Voir « Afrique : réalisation d'infrastructures pour renforcer l'intégration de l'Afrique centrale », *Africa24TV*, consulté le 13 mai 2026.

Règlement n° 02/99/CEMAC/UMAC/CM instituant et organisant un régime de libre circulation et d'établissement des personnes ressortissantes de la CEMAC (à vérifier et actualiser selon la dernière codification en vigueur).

Référence à actualiser : le numéro de protocole cité mérite d'être vérifié auprès des textes officiels de la CEEAC et de la CEMAC avant publication.

Les corridors de transport (Yaoundé-Douala-Libreville / Brazzaville-Pointe-Noire-Kinshasa) et l'interconnexion énergétique (gazoduc Nigeria / barrages du bassin du Congo) souffrent d'une exécution parallèle sans réelle cohérence. Le Plan Stratégique d'Intégration des Marchés de la CEEAC (2023-2028) chevauche partiellement les stratégies sectorielles de la CEMAC, générant un déficit de lisibilité institutionnelle.

Sur la primauté du droit communautaire en droit de l'Union européenne, CJCE, 15 juillet 1964, *Costa c. ENEL*, aff. 6/64.

Propos attribués à Ibrahim Hassane Mayaki, ancien secrétaire exécutif du Nouveau Partenariat pour le développement de l'Afrique (NEPAD).

Union Africaine, *Agenda 2063 : l'Afrique que nous voulons*, Addis-Abeba, 2015.

Banque Mondiale, *Africa's Pulse*, n° 28, 2023 (commerce intrarégional en Afrique centrale estimé à moins de 5 % du PIB).

Union Africaine, *Rapport sur l'état de l'intégration régionale en Afrique*, Addis-Abeba, 2024.

Union Africaine, *Décision sur le moratoire relatif à la reconnaissance des Communautés économiques régionales*, Assembly/AU/Dec.112 (VII), 7e session ordinaire de la Conférence de l'Union africaine, Banjul, juillet 2006.

Analyse rejoignant les travaux de WODIÉ Francis sur les organisations régionales africaines ; référence bibliographique précise à confirmer avant publication.

Commission Économique pour l'Afrique, *État de l'intégration africaine*, Yaoundé, 2024.

Banque Africaine de Développement, *Perspectives économiques en Afrique centrale*, Abidjan, 2023.

European Centre for Development Policy Management, *Organisations régionales en Afrique : trajectoires et facteurs de changement*, Political Economy Dynamics of Regional Organisations.

Publisher: Eliva Press Global Ltd

Email: info@elivapress.com

www.ingramcontent.com/pod-product-compliance
Lightning Source LLC
LaVergne TN
LVHW050749061126
851857LV00013B/1072
* 9 7 8 9 9 9 9 3 5 6 0 8 4 *